Fernand Papillon

La Physiologie de la mort

La mort apparente et la mort réelle

 Le code de la propriété intellectuelle du 1er juillet 1992 interdit en effet expressément la photocopie à usage collectif sans autorisation des ayants droit. Or, cette pratique s'est généralisée dans les établissements d'enseignement supérieur, provoquant une baisse brutale des achats de livres et de revues, au point que la possibilité même pour les auteurs de créer des œuvres nouvelles et de les faire éditer correctement est aujourd'hui menacée. En application de la loi du 11 mars 1957, il est interdit de reproduire intégralement ou partiellement le présent ouvrage, sur quelque support que ce soit, sans autorisation de l'Éditeur ou du Centre Français d'Exploitation du Droit de Copie , 20, rue Grands Augustins, 75006 Paris.

ISBN : 978-1978000018

10 9 8 7 6 5 4 3 2 1

Fernand Papillon

La Physiologie de la mort

La mort apparente et la mort réelle

Table de Matières

Section I	8
Section II	12
Section III	18

Introduction

Jadis les dépouilles de la mort étaient le lot de l'anatomiste, tandis que le physiologiste avait en partage les phénomènes de la vie. Aujourd'hui on soumet le cadavre aux mêmes expériences que l'organisme vivant, et l'on recherche dans les débris de la mort les secrets de la vie. Au lieu de ne voir dans le corps inanimé que des formes prêtes à se dissoudre et à disparaître, on y découvre des forces et des activités persistantes dont le travail est profondément instructif. De même que les théologiens et les moralistes nous invitent à contempler quelquefois face à face le spectre de la mort et à fortifier notre âme dans une courageuse méditation de l'heure dernière, la médecine considère comme une nécessité de nous faire assister à tous les détails de ce drame lugubre pour nous conduire, à travers les ombres et les obscurités, à une science plus claire de la vie ; mais cela n'est vrai que de la médecine la plus moderne.

Leibniz, qui avait une profonde et admirable doctrine de la vie, en avait une aussi de la mort, qu'il a exposée dans une lettre célèbre à Arnauld. Il pense que la génération n'est que le développement et l'évolution de quelque animal déjà formé, et que la corruption ou la mort n'est que l'enveloppement et l'involution de ce même animal, qui ne laisse pas de subsister et de demeurer vivant. La somme des énergies vitales consubstantielles aux monades ne varie pas dans le monde ; la génération et la mort ne sont que des changements dans l'ordre et le concert des principes de la vitalité ; ce ne sont que des transformations du petit au grand et *vice versa*. En d'autres termes, Leibniz voit partout des germes éternels et incorruptibles de vie, qui ne périssent pas plus qu'ils ne commencent. Ce qui commence et ce qui périt, ce sont les machines organiques dont ces germes constituent l'activité première ; les rouages élémentaires de ces machines sont dissociés, mais non pas détruits. Telle est la première vue de Leibniz. Il en a une seconde : il conçoit la génération comme une progression graduelle de la vie ; il concevra la mort comme une régression graduelle aussi du même principe, c'est-à-dire que dans la mort la vie se retire peu à peu, de même que dans la génération elle s'est avancée peu à peu. La mort n'est pas un phénomène brusque, une disparition soudaine, c'est une opération lente, une « rétrogradation, » comme dit le penseur du Hanovre. Quand la mort nous apparaît, elle travaillait depuis longtemps l'organisme, mais nous ne l'ayons pas aperçue, parce que « la dissolution va d'abord à des parties trop petites. » Oui, la mort, avant de se traduire à nos yeux par la pâleur livide, à nos mains par la froideur du marbre, avant de paralyser les mouvements et de figer le sang du moribond, se glisse, obscure et insidieuse, dans les plus petites et plus secrètes parties de ses organes et de ses humeurs. C'est là qu'elle commence à corrompre les liquides, à désorganiser les trames, à détruire les équilibres, à compromettre les harmonies. Tout cela est plus ou moins long, plus ou moins perfide, et quand nous constatons manifestement la mort, nous pouvons être sûrs que l'ouvrage n'a rien d'improvisé.

Ces idées de Leibniz, comme la plupart des conceptions du génie, ne devaient recevoir que longtemps après l'époque où elles parurent la confirmation des expériences démonstratives. Avant Leibniz, on ne disséquait les cadavres que pour y voir la conformation et la disposition normale des organes. Une fois cette étude terminée, on entreprit l'examen méthodique des altérations que les maladies déterminent dans les diverses parties du corps. Ce n'est qu'à la fin du XVIIIe siècle que la mort en action devint l'objet des recherches de Bichat.

Bichat est le plus grand des historiens physiologiques de la mort. L'ouvrage célèbre qu'il a laissé sur ce sujet, les *Recherches physiologiques sur la vie et la mort*, est aussi remarquable par l'ampleur des idées générales et la beauté du style que par la précision des faits et l'art des expériences. C'est encore aujourd'hui la mine la plus riche de documents sur la physiologie de la mort Ayant établi que la vie n'est gravement compromise que par l'altération de l'un des trois organes essentiels, cerveau, cœur et poumon, dont l'ensemble forme le trépied vital, Bichat recherche comment la mort de l'un de ces trois organes détermine celle des autres et consécutivement l'arrêt graduel de toutes les fonctions. De nos jours, les progrès de la physiologie expérimentale, dans la voie que Bichat avait parcourue avec tant de succès, ont fait connaître dans leurs plus minutieux détails les divers mécanismes de la mort, et, ce qui est plus important, révélé tout un ordre d'activités qu'on n'avait jusqu'alors qu'entrevu dans le cadavre. La théorie de la mort s'est constituée peu à peu en même temps que celle de la vie, et plusieurs questions pratiques restées indécises, comme celle des signes de la mort réelle, ont reçu de ces travaux la solution la plus décisive.

Section I

Bichat a fait voir que la vie totale des animaux se compose de deux ordres de phénomènes, ceux de la circulation et de la nutrition, et ceux qui déterminent les relations de l'animal avec ce qui l'entoure. Il a distingué la *vie organique* de la *vie animale* proprement dite. Les végétaux n'ont que la première ; les animaux possèdent l'une et l'autre étroitement unies. Or, quand la mort survient, ces deux vies ne disparaissent point ensemble. C'est la vie animale qui est frappée tout d'abord ; ce sont les activités les plus manifestes du système nerveux qui s'arrêtent avant toutes les autres. Comment cet arrêt se produit-il ? Il faut considérer séparément ce qui arrive dans la mort de vieillesse, dans la mort par suite de maladies et dans la mort subite.

L'homme qui s'éteint à la fin d'une longue vieillesse meurt en détail. Tous ses sens se ferment successivement. La vue s'obscurcit, se trouble, et cesse enfin d'apercevoir les objets. L'ouïe devient graduellement insensible aux sons. Le tact s'émousse. Les odeurs n'exercent plus qu'une impression faible. Le goût seul persiste davantage, En même temps que les organes sensitifs s'atrophient et perdent leur excitabilité, les fonctions du cerveau s'éteignent peu à peu. L'imagination devient obscure, la mémoire presque nulle, le jugement incertain. D'autre part les mouvements sont lents et pénibles par suite de la rigidité des muscles, la voix se casse ; bref, toutes les fonctions de la vie externe perdent le ressort. Chacun des liens qui attachent le vieillard à l'existence se rompt peu à peu. Cependant la vie interne continue. La nutrition se fait encore ; mais bientôt les forces abandonnent les organes les plus essentiels. La digestion languit, les sécrétions sont taries, la circulation capillaire est embarrassée ; celle des gros vaisseaux est suspendue à son tour, et enfin les contractions du cœur s'arrêtent. C'est le moment de la mort. Le cœur est l'ultimum moriens. Telle est la série des morts partielles et lentes qui chez le vieillard épargné par la maladie aboutissent à la fin dernière. L'individu qui s'endort dans ces conditions de l'éternel sommeil meurt comme le végétal qui, n'ayant pas conscience de la vie, ne saurait avoir conscience de la mort. Il passe insensiblement de l'une à l'autre. Mourir ainsi n'a rien de pénible. L'idée de l'heure suprême ne nous épouvante que parce qu'elle met un terme subit à nos relations avec ce qui nous entoure ; mais, quand le sentiment de ces relations est depuis longtemps évanoui, l'effroi ne peut plus exister au bord de la tombe. L'animal ne frissonne point au moment où il va cesser d'être.

Malheureusement ce genre de mort est peu commun dans l'humanité. La mort de vieillesse est devenue un phénomène extraordinaire. Le plus souvent nous succombons à une perturbation tantôt soudaine, tantôt graduelle, des fonctions de notre économie. Ici, comme dans le cas précédent, on voit la vie animale disparaître la première ; mais les modes de terminaison sont infiniment variés.[1] Un des plus fréquents est la mort par le poumon ; à la suite des pneumonies et des phthisies diverses, l'oxydation du sang ne pouvant plus se faire à cause de la désorganisation des globules pulmonaires, le sang veineux retourne au cœur sans s'être révivifié. Dans le cas des fièvres graves et continues et des maladies infectieuses, épidémiques ou autres, qui sont avant tout des empoisonnements du sang, la mort arrive par une altération générale de la nutrition. Cela est plus vrai encore de la mort qui survient à la suite de certaines maladies chroniques des organes digestifs. Quand ceux-ci sont altérés, la sécrétion des sucs affectés à la dissolution des aliments est tarie, et les sucs traversent le tube intestinal sans avoir été utilisés. En ce cas, le malade meurt d'une véritable inanition. Une des causes les plus fréquentes de la mort est l'hémorragie. Lorsqu'une grosse artère a été ouverte par une cause quelconque, et que le sang s'est écoulé en abondance, la peau pâlit, la chaleur diminue, la respiration devient entrecoupée, des éblouissements, des vertiges, se déclarent, la physionomie change d'expression, une sueur froide et gluante couvre une partie du visage et des membres, le pouls s'affaiblit graduellement, enfin le cœur s'arrête. Virgile a peint avec une saisissante vérité l'hémorragie dans le récit de la mort de Didon.

---

1 Mille modis morimur mortales, nascimur uno ;
Una via est vitæ, moriendi mille figuræ.

La mort subite, en dehors des causes extérieures et accidentelles, peut survenir de diverses manières. Des affections très vives de l'âme arrêtent quelquefois soudain les mouvements du cœur et déterminent une syncope mortelle. On connaît beaucoup d'exemples de gens morts de joie, — Léon X en est un, — et de gens qui ont succombé à la peur. Dans l'apoplexie foudroyante, si la mort réelle n'est pas immédiate, il y a du moins production rapide de phénomènes mortels. Le malade est plongé dans un sommeil profond, auquel les médecins donnent le nom de *coma*. On ne peut le réveiller ; sa respiration est difficile, son œil immobile, sa bouche contournée et déformée. Les battements du cœur cessent peu à peu, et bientôt la vie disparaît sans retour. La rupture d'un anévrysme entraîne assez souvent la mort subite. Celle-ci reconnaît non moins fréquemment pour cause ce qu'on appelle une *embolie*, c'est-à-dire un arrêt de la circulation par un caillot de sang qui obstrue tout à coup un vaisseau de quelque importance. Enfin il y a des morts subites encore inexpliquées, en ce sens que l'autopsie n'y découvre rien qui puisse rendre raison de l'arrêt des opérations vitales.

La mort est ordinairement précédée d'un ensemble de phénomènes auquel on a donné le nom d'agonie. Dans la plupart des maladies, le début de cette période terminale est marqué par un amendement subit des fonctions. C'est le dernier éclat que jette la flamme expirante ; mais bientôt les yeux deviennent immobiles et insensibles à l'action de la lumière, le nez est effilé et froid, la bouche, béante, semble faire appel à l'air qui manque, la cavité buccale est desséchée, et les lèvres, comme flétries, sont collées sur les arcades dentaires. Les derniers mouvements respiratoires sont saccadés, et l'on entend à distance des râles et quelquefois un véritable gargouillement dû à l'obstruction des voies bronchiques par d'abondantes mucosités. L'haleine est froide, la température de la peau s'est abaissée. Si l'on vient à ausculter le cœur, on constate l'affaiblissement des bruits et des battements. La main, appliquée sur la région précordiale, ne perçoit plus de choc. Telle est la physionomie de l'agonisant dans la majorité des cas, c'est-à-dire quand la mort succède à une maladie qui a duré un certain temps. L'agonie est rarement douloureuse, et le plus souvent ignorée du malade. Celui-ci est plongé dans un assoupissement comateux tel qu'il n'a plus conscience de sa situation, ni de ses souffrances, et il passe insensiblement de la vie à la mort, de sorte qu'il est quelquefois malaisé d'assigner le moment précis où le moribond a expiré. Il en est ainsi du moins dans les maladies chroniques et en particulier dans celles qui consument lentement et sourdement le corps de l'homme. Cependant, quand sonne l'heure de la mort dans les organisations ardentes, — chez les grands artistes par exemple, — et ils meurent jeunes d'ordinaire, — il y a un réveil soudain et sublime du génie créateur. Rien n'en témoigne mieux que la fin angélique de Beethoven, qui, avant d'exhaler son âme, cette monade mélodieuse, recouvra l'ouïe et la voix qu'il avait perdues, et s'en servit pour répéter une dernière fois quelques-uns des suaves accords qu'il appelait ses « prières à Dieu. » Certaines maladies du reste sont plus particulièrement caractérisées par la douceur de l'agonie. De tous les maux qui nous tuent à coups d'épingle et nous trompent, la phthisie est celui qui nous conserve le plus longtemps les illusions de la santé et nous dissimule le mieux les maux de la vie et les horreurs de la mort. Rien n'est comparable à cette hallucination des sens et à cette vivacité d'espérance qui marquent les derniers jours du phthisique. Il prend l'ardeur de la fièvre qui le consume pour un symptôme salutaire, il fait des projets, il sourit à-ses proches d'un sourire doux et serein, et tout à coup, au lendemain d'une nuit paisible, il s'endort pour ne plus se réveiller.

Si la vie est partout et si par suite la mort a lieu partout, dans tous les éléments de l'économie, que faut-il penser de ce point de la moelle épinière qu'un célèbre physiologiste appelait le *nœud vital* où il prétendait localiser le principe même de la vie ? Le point que Flourens considérait comme le nœud vital est situé à peu près au milieu de la moelle allongée, c'est-à-dire au milieu de la portion de substance nerveuse qui relie l'encéphale à la moelle épinière. Cette région est en effet d'une extrême et redoutable susceptibilité. Il suffit de la piquer, d'y enfoncer une aiguille pour amener la mort immédiate de l'animal, quel qu'il soit. C'est même le moyen qu'on emploie dans les laboratoires de physiologie pour sacrifier promptement et sûrement les chiens. Cette susceptibilité s'explique de la manière la plus naturelle. Ce point est l'origine des nerfs qui vont au poumon : du moment qu'on y détermine une lésion quelconque, il en résulte un arrêt des mouvements respiratoires et consécutivement la mort. Le nœud vital de Flourens n'a aucune espèce de prérogative spéciale. La vie n'y est ni plus concentrée ni plus essentielle qu'ailleurs, seulement il coïncide avec l'origine des nerfs qui animent un des organes indispensables de la vitalité, l'organe de la sanguification ; or, dans les organismes vivants, toute altération des nerfs qui gouvernent une fonction est un péril grave pour l'intégrité de celle-ci. Il n'y a donc pas de nœud vital, il n'y a pas de foyer de vie dans les animaux. Ce sont des collections d'une infinité de vivants infiniment petits, et chacun de ces vivants microscopiques est à lui-même son propre foyer. Chacun pour son compte se nourrit, produit de la chaleur et manifeste les activités caractéristiques qui dépendent de sa structure. Chacun, en vertu d'une harmonie préétablie, se rencontre dans ce que demandent les autres ; mais de même que chacun vit pour son compte, chacun meurt pour son compte. Et la preuve qu'il en est ainsi, c'est que certaines parties prises sur un mort peuvent être transportées sur un vivant sans avoir éprouvé d'interruption dans leur activité physiologique ; la preuve, c'est que beaucoup d'organes qui semblent morts peuvent être excités à nouveau, réveillés. de leur torpeur et sollicités à des manifestations vitales extrêmement remarquables. C'est ce que nous allons maintenant considérer.

Section II

La mort paraît définitive dès l'instant que les battements du cœur sont arrêtés sans retour, parce que, la circulation du sang ne se faisant plus, la nutrition des organes devient impossible et que la nutrition est nécessaire à l'entretien de l'harmonie physiologique ; mais, comme nous l'avons dit plus haut, il y a dans l'organisme mille petits ressorts qui conservent une certaine activité après que le grand ressort, central a perdu la sienne. Il y a une infinité d'énergies partielles qui survivent à la destruction de l'énergie principale et ne se retirent que peu à peu. Dans les cas de mort subite surtout, les tissus gardent fort longtemps leur vitalité propre. D'abord la chaleur ne disparaît que lentement, d'autant plus lentement que la mort a été plus rapide. Plusieurs heures après la mort, les cheveux, les poils et les ongles poussent encore ; l'absorption ne s'arrête pas davantage. Enfin la digestion elle-même se continue. L'expérience que réalisa Spallanzani pour le prouver est très curieuse. Il imagina de faire manger à une corneille une certaine quantité de viande et de la tuer immédiatement après ce repas. Il la mit ensuite dans un endroit dont la température était égale à celle d'un oiseau vivant, et il l'ouvrit au bout de six heures. La viande était complètement digérée.

Outre ces manifestations générales, le cadavre est encore capable pendant quelque temps d'activités de divers ordres. Il est difficile de les étudier sur des cadavres d'individus morts de maladie, parce qu'on ne soumet ceux-ci aux investigations anatomiques que vingt-quatre heures après la mort ; mais les corps des suppliciés, qui sont livrés aux savants peu d'instants après l'exécution, peuvent servir à l'étude de ce qui arrive immédiatement après l'arrêt de la machine vivante. En mettant le cœur à découvert quelques minutes après l'exécution, on observe des battements qui persistent pendant plus d'une heure, au nombre de quarante à quarante-cinq par minute, alors même que le foie, l'estomac, l'intestin, ont été enlevés. Pendant plusieurs heures, les muscles gardent leur excitabilité et éprouvent des contractions réflexes sous l'influence du pincement. M. Robin a constaté sur un supplicié, une heure après l'exécution, le phénomène suivant : « Le bras droit, dit-il, se trouvant étendu obliquement sur les côtés du tronc, la main à 25 centimètres environ en dehors de la hanche, je grattai la peau de la poitrine, avec la pointe d'un scalpel, au niveau de l'auréole du mamelon, sur une étendue de 10 centimètres, sans exercer de pression sur les muscles sous-jacents. Nous vîmes aussitôt le muscle grand-pectoral, puis le biceps, le brachial antérieur, etc., se contracter successivement et rapidement. Le résultat fut un mouvement de rapprochement de tout le bras vers le tronc, avec rotation du bras en dedans et demi-flexion de l'avant-bras sur le bras, véritable mouvement de défense qui projeta la main du côté de la poitrine jusqu'au creux de l'estomac. »

Ces manifestations spontanées de la vie du cadavre ne sont rien à côté de celles qu'on provoque au moyen de certains excitants et particulièrement de l'électricité. Aldini soumit en 1802 à l'action d'une pile énergique deux criminels décapités à Bologne. Sous l'influence du courant, les muscles du visage se contractèrent en produisant d'horribles grimaces. Tous les membres furent pris de mouvements violents. Les corps semblaient éprouver un commencement de résurrection et vouloir se lever. Plusieurs heures après la décollation, les ressorts de l'économie avaient encore le pouvoir de répondre à l'excitation électrique. Ure fit quelques années plus tard à Glasgow des expériences également fameuses sur le cadavre d'un supplicié qui était resté suspendu au gibet pendant plus d'une heure. L'un des pôles d'une pile de 700 couples ayant été mis en communication avec la moelle épinière au-dessous de la nuque et l'autre pôle avec le talon, la jambe préalablement repliée sur elle-même fut lancée avec violence et faillit renverser un des assistants qui la maintenait avec effort. L'un des pôles ayant été placé sur la septième côte et l'autre sur un des nerfs du cou, la poitrine se souleva et s'abaissa, et l'abdomen éprouva un mouvement semblable, comme il arrive dans la respiration. Un nerf du sourcil ayant été touché en même temps que le talon, les muscles de la face se contractèrent. « La rage, l'horreur, le désespoir, l'angoisse et d'affreux sourires unirent leur hideuse expression sur la face de l'assassin. »

Le fait le plus remarquable de réapparition momentanée des propriétés vitales, non dans tout l'organisme, mais dans la tête seulement, est l'expérience célèbre proposée par Legallois et réalisée pour la première fois en 1858 par M. Brown-Séquard. Cet habile physiologiste décapite un chien, en ayant soin de faire la section au-dessous de l'endroit où les artères vertébrales pénètrent dans leur cariai osseux. Dix minutes après, il applique le courant galvanique aux différents points de la tête ainsi séparée du corps. Aucun mouvement ne se produit. Il adapte alors aux quatre artères, dont les extrémités se trouvent sur la section du cou, des canules communiquant par des tubes avec un réservoir plein de sang frais et oxygéné, et il détermine la pénétration de ce sang dans les vaisseaux du cerveau. Immédiatement des mouvements désordonnés des yeux et des muscles de la face, se produisent, puis l'on voit apparaître des contractions harmoniques et régulières qui semblent dirigées par la volonté. Cette tête a recouvré la vie. Pendant un quart d'heure que dure l'injection de sang dans les artères cérébrales, les mouvements continuent de s'accomplir. On arrête l'injection, les mouvements cessent, et font place aux tremblements de l'agonie, puis à la mort.

Les physiologistes se sont demandé si cette résurrection momentanée des propriétés vitales ne pourrait pas être réalisée chez l'homme, c'est-à-dire si on ne pourrait pas, en injectant du sang frais dans une tête humaine récemment séparée du corps, provoquer des mouvements et rallumer le regard comme dans l'expérience de M. Brown-Séquard. On a songé à l'essayer sur des têtes de suppliciés par décollation, mais les observations anatomiques, et particulièrement celles de M. Charles Robin, ont montré que les artères du cou sont tranchées par la guillotine de telle façon que l'air y pénètre et les remplit. Il en résulte qu'il est impossible d'y pratiquer une injection de sang capable de produire les résultats notés par M. Brown-Séquard. On sait en effet que le sang qui circule dans les vaisseaux devient, au contact de l'air, spumeux et impropre à l'entretien des fonctions. M. Robin pense que l'expérience dont il s'agit ne pourrait réussir, que sur la tête d'un homme tué par des balles ayant frappé au-dessous du cou ; dans ce cas, il y aurait moyen d'opérer une section des artères telle qu'il n'y ait point irruption d'air, est, en séparant la tête à l'endroit indiqué par M. Brown-Séquard, on obtiendrait probablement par l'injection d'un sang oxygéné les manifestations fonctionnelles observées sur la tête du chien. M. Brown-Séquard est convaincu qu'on pourrait les obtenir, moyennant certaines précautions, même avec une tête de supplicié par décollation, et il en est tellement convaincu que, lorsqu'on lui proposa d'exécuter l'expérience, c'est-à-dire de pratiquer une injection sanguine dans une tête de supplicié, il s'y refusa, ne voulant pas, dit-il, être témoin des tortures de ce tronçon d'être rappelé momentanément à la sensibilité et à la vie. Nous comprenons les scrupules de M. Brown-Séquard, mais il est permis de douter qu'il eût infligé de grandes tortures à la tête du supplicié ; il n'y eût réveillé qu'une sensibilité très obscure et très confuse. Cela s'explique. Il suffit pendant la vie de la moindre perturbation dans la circulation cérébrale pour pervertir complètement les sensations et les pensées. Or, s'il suffit de quelques gouttes de sang en moins ou en trop dans le cerveau d'un animal en pleine santé pour altérer la régularité de ses manifestations psychiques, à plus forte raison l'intégrité du fonctionnement cérébral sera-t-elle compromise, si celui-ci est réveillé par une injection de sang étranger, et une injection nécessairement impuissante à faire circuler le sang avec une pression et un équilibre convenables.

La rigidité cadavérique est un des phénomènes les plus caractéristiques de la mort. C'est un durcissement général des muscles, tel que ceux-ci deviennent inextensibles au point que les articulations ne peuvent plus être fléchies ; ce phénomène commence quelques heures après la mort. Les muscles de la mâchoire se raidissent les premiers ; puis la rigidité envahit successivement les muscles abdominaux, les muscles du cou et enfin les muscles thoraciques. Ce durcissement se fait par la coagulation de la matière albuminoïde semi-liquide, qui constitue les fibres des muscles, de même que la solidification du sang a pour cause la coagulation de la fibrine. Après quelques heures, la musculine coagulée redevient fluide, la rigidité cesse et les muscles se relâchent. Il se passe aussi quelque chose d'analogue dans le sang. Les globules s'altèrent, se déforment, éprouvent un commencement de dissociation. Les agents de putréfaction, vibrions et bactéries, préludent ainsi à leur grand travail par une sourde désagrégation des parties les plus cachées.

Enfin, quand les résurrections partielles sont devenues impossibles, quand la dernière étincelle de vie est éteinte et quand la rigidité cadavérique a cessé, un nouvel ouvrage commence. Les germes vivants, qui étaient accumulés à la surface du cadavre et à l'intérieur du tube digestif, se développent, se multiplient, pénètrent dans tous les points de l'organisme et y opèrent une dissociation complète des tissus et des humeurs ; c'est la putréfaction. Le moment où elle se déclare varie avec les causes de la mort et avec le degré de la température extérieure. Quand la mort a été la suite d'une maladie putride, la putréfaction s'établit presque aussitôt que le cadavre est refroidi. Il en est de même lorsque l'atmosphère est chaude.[1] En moyenne, le travail de décomposition devient apparent, dans nos climats, au bout de trente-huit à quarante heures. C'est sur la peau du ventre qu'on en observe les premiers effets : elle prend une coloration verdâtre,

---

1 Cependant une température très élevée agit comme le froid. Elle retarde le moment de la putréfaction en coagulant les matières albuminoïdes de façon à les rendre moins putrescibles.

qui bientôt s'étend et gagne successivement toute la surface du corps. En même temps, les parties humides, l'œil, l'intérieur de la bouche, se corrompent, se ramollissent ; puis l'odeur cadavérique se développe peu à peu, d'abord fade et légèrement fétide (odeur de relent), ensuite piquante et ammoniacale. Peu à peu les chairs s'affaissent, s'infiltrent, les organes deviennent méconnaissables. Tout est envahi par ce qu'on appelle le putrilage. Si à ce moment on examine au microscope les tissus, on n'y reconnaît plus aucun des éléments anatomiques dont les trames organiques sont composées dans l'état normal. « Notre chair, s'écrie Bossuet dans l'*Oraison funèbre* d'Henriette d'Angleterre, change bientôt de nature, notre corps prend un autre nom ; même celui de cadavre, parce qu'il nous montre encore quelque forme humaine, ne lui demeure pas longtemps. Il devient un je ne sais quoi qui n'a plus de nom dans aucune langue. » Quand toute structure a disparu, il ne reste plus qu'un mélange de matières salines, de matières grasses et de matières protéiques, qui sont ou dissoutes et entraînées par les eaux ou brûlées lentement par l'oxygène de l'air et transformées en de nouveaux produits, et petit à petit toute la matière du cadavre, moins le squelette, retourne à la terre d'où elle était sortie. C'est ainsi que les ingrédients de nos organes, les éléments chimiques de nos corps redeviennent boue et poussière. De cette boue et de cette poussière émanent sans cesse une vie nouvelle et une puissante activité ; mais on en peut tirer aussi du ciment propre aux usages les plus communs, et, comme le dit Shakespeare dans *Hamlet*, la poussière d'Alexandre ou de César a pu servir à boucher la bonde d'un tonneau de bière ou à réparer le trou d'un mur. Ces « vils emplois » dont le prince de Danemark parle à Horatio marquent les limites extrêmes des transformations de la matière. En tout cas, les êtres infimes qui travaillent et se multiplient au sein de la putréfaction absorbent et emmagasinent réellement la vie, puisque sans eux le cadavre ne pourrait pas servir d'aliment aux plantes, lesquelles à leur tour sont le réservoir nécessaire où l'animalité puise la sève et la force. C'est en ce sens que la doctrine des molécules organiques de Buffon est vraie.

La mort est le terme nécessaire de toute existence organique. On peut espérer d'en reculer plus ou moins l'instant inévitable, mais il serait insensé d'en concevoir, dans une espèce quelconque, l'ajournement indéfini. Sans doute il n'est pas contradictoire de se représenter un équilibre parfait entre l'assimilation et la désassimilation, tel que l'économie serait maintenue dans une éternelle santé. En tout cas, personne n'a encore entrevu les moyens de réaliser un tel équilibre, et la mort reste ; jusqu'à nouvel ordre une loi absolue du destin. Toutefois, si, l'immortalité d'un organisme complet paraît chimérique, il n'en est peut-être pas de même de l'immortalité d'un organe séparé, et voici dans quel sens. Il a déjà été question ici même des expériences de M. Paul Bert sur la greffe animale. M. Bert a montré qu'on pouvait greffer sur la tête d'un rat certains organes du même animal, la queue par exemple. Or ce physiologiste, s'est demandé s'il ne serait pas possible, lorsqu'un rat muni d'un pareil appendice approche du terme de son existence, de lui enlever cet appendice pour le transplanter sur un jeune animal, lequel, à son tour, serait dépossédé de la même façon dans sa vieillesse en faveur d'un individu d'une nouvelle génération, et ainsi de suite. Cette queue, successivement transplantée sur de jeunes animaux et puisant dans chaque transplantation un sang plein de vitalité, se renouvelant constamment sans cesser de rester elle-même, échapperait ainsi à la mort. L'expérience, difficile et délicate, on le conçoit, a cependant été entreprise par M. Bert, mais les circonstances n'ont pas permis de la prolonger pendant longtemps, et le fait de la perpétuité d'un organe, périodiquement rajeuni, reste à démontrer.

Section III

La mort réelle est donc caractérisée par l'arrêt définitif des fonctions et des propriétés vitales à la fois de la vie organique ou végétative et de la vie animale proprement dite. Quand la vie animale disparaît sans qu'il y ait interruption de la vie organique, l'économie est en état de *mort apparente*. Dans cet état, le corps est pris d'un sommeil profond, assez analogue à celui des animaux hibernants ; toutes les expressions ordinaires et tous les indices de l'activité intérieure ont disparu et font place à une torpeur invincible. Les excitants chimiques les plus énergiques n'exercent aucune influence sur les organes, les parois thoraciques sont immobiles ; bref, il est impossible, en voyant le corps dans cette apparence, de ne point songer à la mort. Les états de l'organisme qui peuvent ainsi plus ou moins simuler la mort sont assez nombreux ; le plus vulgaire est la *syncope*. Il n'y a plus en ce cas ni sentiment, ni mouvement respiratoire ou circulatoire apparent ; la chaleur est abaissée, là peau décolorée et livide. On cite des cas d'hystérie où l'accès s'est prolongé pendant plusieurs jours avec accompagnement de syncope. Dans ce singulier état, toutes les manifestations physiologiques sont suspendues ; cependant elles ne le sont pas complètement, comme on l'a cru longtemps. M. Bouchut a démontré que dans les syncopes les plus graves les battements du cœur persistent, plus faibles, plus rares, plus difficiles à entendre que dans la vie normale, mais nettement perceptibles lorsqu'on applique l'oreille sur la région précordiale. D'autre part, les muscles conservent leur souplesse et les membres leur flexibilité.

L'asphyxie, qui est proprement l'arrêt de la respiration et par suite de la révivification du sang, a quelquefois pour conséquence une syncope grave suivie de mort apparente, dont les victimes reviennent au bout d'un temps plus ou moins long. Cet état peut être déterminé soit par la submersion, soit par l'absorption d'un gaz irrespirable comme l'acide carbonique du fond des puits, les exhalaisons des fosses d'aisances et le grisou des mines, soit par la strangulation. En 1650, on pendit à Oxford une femme du nom d'Anne Green. Elle avait été pendue durant une demi-heure, et plusieurs personnes, pour abréger ses souffrances, l'avaient tirée par les pieds de toutes leurs forces. Après qu'on l'eut mise dans le cercueil, on s'aperçut qu'elle respirait encore. Les aides du bourreau essayèrent de l'achever, mais, grâce à l'assistance de quelques médecins, elle revint à la vie, et vécut encore longtemps. La submersion détermine une syncope non moins profonde et pendant laquelle, chose curieuse, les facultés psychiques conservent une certaine activité. Des matelots noyés, et ensuite retirés à temps, ont raconté que pendant leur submersion ils s'étaient transportés en idée dans leur famille et avaient songé avec tristesse aux chagrins dont leur mort allait être la cause. Après quelques minutes de calme physique, ils avaient éprouvé de violentes coliques de cœur : celui-ci semblait se tordre dans leur poitrine ; puis à cette angoisse succédait un anéantissement complet de l'esprit. Il est d'ailleurs assez difficile de préciser combien de temps la mort apparente peut se prolonger dans un organisme submergé. Cela varie beaucoup avec les tempéraments. Dans les îles de l'archipel grec, dont l'industrie consiste à recueillir les éponges du fond de la mer, les enfants ne boivent de vin que lorsque, par l'exercice, ils se sont habitués à rester un certain temps sous l'eau. Les vieux plongeurs de l'Archipel disent que le moment de venir respirer à la surface leur est indiqué par des convulsions douloureuses des membres et un resserrement très pénible de la région du cœur. Cette faculté de supporter un certain temps l'asphyxie et de résister à la suspension volontaire des mouvements respiratoires a été observée dans d'autres circonstances. On cite le cas d'un Hindou qui se glissait dans les endroits palissades du Gange où les dames de Calcutta vont se baigner, en saisissait une par les jambes, la noyait et la dépouillait de ses bijoux. On la croyait enlevée par des crocodiles. Une demoiselle étant parvenue à lui échapper, on se saisit de l'assassin, qui fut pendu en 1817. Il avoua qu'il y avait sept ans qu'il exerçait ce métier. Un autre cas est celui d'un espion qui, voyant, son supplice se préparer, essaya de s'y soustraire en simulant la mort. Il suspendit sa respiration et tous les mouvements volontaires pendant douze heures, et supporta toutes les épreuves qu'on lui fit subir pour s'assurer de la réalité, de la mort. Enfin les anesthésiques, comme le chloroforme et l'éther, produisent quelquefois plus d'effet que ne voudraient les chirurgiens qui s'en servent, et amènent au lieu d'une insensibilité passagère un état de mort apparente.[1]

Il est facile de rappeler à la vie, les individus qui se trouvent dans un état de mort apparente ; il n'y a pour cela qu'à exciter

---

[1] On peut rapprocher de la mort apparente les singuliers phénomènes que présentent les animaux dits *réviviscens*. Ces animaux peuvent être amenés à un état de dessiccation presque complète et perdre toutes les apparences de la vie, puis recouvre l'activité par une simple immersion dans l'eau. Plongés dans un milieu humide, les animaux réviviscens ne supportent pas une température supérieure à 30 degrés ; mais, lorsqu'ils ont été privés de leurs mouvements physiologiques par une dessiccation à l'air libre, ils peuvent, sans perdre leur propriété de reviviscence, résister pendant quelques instants à une température de 100 degrés, les principales espèces réviviscentes sont les anguillules des tuiles, les tardigrades et les rotifères. Ces derniers vivent dans les mousses humides, se dessèchent, sans périr, roulés en boule pendant les sécheresses et reprennent le mouvement quand il pleut. Tous ces êtres sont d'ailleurs, microscopiques.

énergiquement les deux mécanismes dont l'action est alors plus ou moins suspendue, à savoir ceux de la respiration et de la circulation. On imprime à la cage thoracique des mouvements tels que le poumon soit alternativement comprimé et dilaté.[1] On pratique sur tout le corps une espèce de massage qui ranime la circulation capillaire ; on place sous les narines du patient des excitants chimiques comme l'ammoniaque ou l'acide acétique. C'est ainsi qu'on traite les noyés qui sont malades non pour avoir absorbé trop d'eau, mais pour avoir cessé de respirer de l'air. Un traitement très efficace dans le cas de mort apparente due à une inhalation de gaz toxiques, comme l'acide carbonique ou l'hydrogène sulfuré, consiste à faire absorber au malade de grandes quantités d'oxygène pur. Enfin on a proposé dernièrement encore, comme Halle l'avait fait au commencement de ce siècle sans résultat, d'adopter l'emploi de forts courants électrique » pour, réveiller les mouvements des individus en état de syncope.

Dans tous, les cas de mort apparente que nous venons de signaler, un caractère de vitalité persiste, ce sont les battements du cœur. Ces battements sont plus faibles, plus rares, mais ils restent appréciables par l'auscultation. On les retrouve constamment dans les syncopes les plus graves, dans les diverses sortes d'asphyxies, dans les empoisonnements par les narcotiques les plus terribles, dans l'hystérie, dans la torpeur de l'épilepsie, bref dans les états les plus variés et les plus prolongés de mort, apparente et de léthargie.

Toutefois ce résultat, aujourd'hui acquis à la pratique, était inconnu aux anciens médecins, et on ne peut se dissimuler qu'autrefois la mort apparente a été prise assez souvent pour la mort réelle. Les annales de la science ont enregistré un certain nombre de confusions de ce genre, dont plusieurs ont eu pour suite des inhumations de malheureux qui n'étaient pas morts. Et pour une de ces erreurs que le hasard a fait découvrir soit trop tard, soit à un moment où la victime pouvait encore être sauvée, combien en est-il surtout aux époques d'ignorance et d'incurie, que personne n'a connues ! Combien de vivants n'ont rendu le dernier soupir qu'après avoir vainement essayé de briser leur cercueil ! Les faits rassemblés

---

1 C'est ce qu'on appelle la respiration artificielle. On construit depuis quelque temps, sur les indications de M. Gréhant, des appareils pour pratiquer commodément cette respiration artificielle au moyen d'insufflations, d'air bien calculées

par Bruhier et Lallemand dans deux ouvrages devenus classiques composent l'histoire la plus dramatique et la plus lugubre. En voici quelques épisodes assez singuliers par le rôle qu'y a joué le hasard. Un garde champêtre, sans famille, meurt dans une petite commune de la Charente-Inférieure. A peine refroidi, son corps est extrait de son lit et déposé sur une paillasse recouverte d'un mauvais drap. Une vieille femme salariée est chargée de garder le lit mortuaire. Aux pieds du corps se trouvaient une branche de buis plongée dans un vase rempli d'eau bénite et un cierge allumé. Vers le milieu de la nuit, la vieille gardienne, cédant à un insurmontable besoin de sommeil, s'endormit profondément. Deux heures après, elle s'éveillait au milieu des flammes d'un incendie qui avait gagné ses vêtements. Elle s'élança dehors, appelant au secours de toutes ses forces, et les voisins, accourus à ses cris, virent bientôt sortir de la masure enflammée un spectre nu, se traînant avec peine sur ses jambes couvertes de brûlures. Pendant le repos de la vieille femme, une flammèche était probablement tombée sur la paillasse et l'incendie développé avait à la fois rappelé la gardienne de son sommeil et le garde champêtre de sa mort apparente. Celui-ci, secouru à temps, guérit de ses brûlures et revint à la santé.

Le 15 octobre 1852, un cultivateur des environs de Neufchâtel (Seine-Inférieure) monta dans un fenil au-dessus de sa grange, pour se coucher, comme à l'ordinaire, au milieu du foin. Le lendemain matin, l'heure habituelle où il se levait étant passée, sa femme voulut connaître le motif de son retard et l'alla rejoindre ; elle le trouva mort. Plus de vingt-quatre heures après, le moment de l'enterrement étant arrivé, les porteurs chargés des sépultures déposèrent le corps dans une bière, qui fut fermée, et descendirent lentement, en portant le cercueil, l'échelle qui leur avait servi à monter dans la grange. Tout à coup un des échelons vint à casser, et l'on vit rouler ensemble et les porteurs, et le cercueil, qui s'ouvrit dans la chute. Cet accident, qui aurait pu être fatal à un vivant, fut salutaire au mort qui, réveillé de sa léthargie par la commotion, revint à la vie et s'empressa de se débarrasser de son linceul, aidé par ceux des assistants que sa résurrection soudaine n'avait pas mis en fuite. Une heure après il reconnaissait tous ses amis, ne se plaignait que d'un peu d'embarras dans la tête, et le lendemain il était en état de reprendre ses travaux. — Presque à la même époque, un habitant de Nantes succombait après une longue maladie. Ses héritiers firent faire un magnifique enterrement, et pendant qu'on chantait un *Requiem*, le mort revint à la vie et s'agita dans son cercueil placé au milieu de l'église. Transporté chez lui, il recouvra bientôt la santé. Quelque temps après, le curé, qui ne voulait pas perdre le prix des funérailles, adressa une note à l'ex-mort, qui refusa de payer et renvoya le curé aux héritiers qui avaient ordonné le convoi. Il en résulta un procès au sujet duquel les journaux du temps divertirent beaucoup le public. — Le cardinal Donnet a raconté lui-même au sénat, il y a quelques années, les circonstances dans lesquelles il faillit être enterré vif.

A côté de ces faits d'inhumation précipitée où la victime a échappé aux suites épouvantables de l'erreur commise, il en est d'autres où l'erreur n'a été reconnue, que trop tard. On en connaît d'assez nombreux exemples, dont quelques-uns sont racontés avec des détails trop romanesques pour qu'on puisse y ajouter complètement foi, mais dont beaucoup aussi présentent des caractères incontestables d'authenticité. Une tradition dont il est assez difficile d'assigner l'origine a longtemps attribué la mort de l'abbé Prévost à une erreur de ce genre. Tous ses biographes racontent que, frappé d'un coup de sang et tombé sans connaissance au milieu de la forêt de Chantilly, le célèbre auteur de *Manon Lescaut* avait été considéré comme mort, qu'ensuite un chirurgien du village lui ayant ouvert le ventre, sur l'ordre de l'officier public, dans l'intention de rechercher la cause de la mort, Prévost avait poussé un cri, puis était mort ; mais il a été prouvé depuis que ce récit est apocryphe, et qu'il a été inventé postérieurement à la mort de l'abbé Prévost ; aucun des documents nécrologiques publiés alors ne la rattache aux suites d'une autopsie prématurée. Si l'histoire de Prévost disséqué vif ne paraît pas certaine, il n'en est pas de même de celle qu'on raconte au sujet d'une opération d'un accoucheur célèbre, Philippe Peu. Une femme était au terme de sa grossesse et dans un état de mort apparente. Appelé pour pratiquer l'opération césarienne, Peu rapporte que les assistants, convaincus que la femme était morte, le pressèrent d'opérer. « Je le crus aussi, dit-il, car je n'avais trouvé aucun battement dans la région du cœur, et un miroir mis sur le visage ne donna aucun signe de respiration. » Alors il plongea son couteau dans les chairs, et il était au milieu des tissus sanglants quand l'opérée se réveilla de sa léthargie.

Mais voici des faits plus émouvants. Il y a une trentaine d'années, un habitant de la commune d'Eymes (Dordogne) était atteint depuis longtemps d'une maladie chronique peu grave par elle-même et dont le symptôme le plus pénible était une insomnie continuelle qui enlevait au malade toute sorte de repos. Fatigué de cet état, il consulte un médecin qui lui prescrit de l'opium, en lui recommandant d'en user avec précaution. Le malade, imbu de ce préjugé assez répandu qu'un médicament agit d'autant mieux qu'on en prend davantage, avala en une seule fois la dose de plusieurs jours. Bientôt il tomba dans un profond sommeil, dont il n'était pas sorti plus de vingt-quatre heures après. On appelle le médecin du village, qui trouve le corps sans chaleur, le pouls éteint. Ce praticien ouvre successivement la veine aux deux bras et n'obtient que quelques gouttes de sang épais. Le lendemain, on procède à l'inhumation. Cependant au bout de quelques jours de nouveaux renseignements font découvrir l'imprudence que le malheureux avait commise en usant avec excès de la substance narcotique qui lui avait été prescrite. Une sourde rumeur se manifeste parmi les habitants de la commune, qui demandent et obtiennent l'exhumation. On se porte en foule au cimetière, on extrait le cercueil, on l'ouvre, et le plus hideux spectacle s'offre aux assistants. L'infortuné s'était retourné dans sa bière, le sang qui s'était écoulé des deux veines ouvertes avait baigné le linceul, ses traits étaient horriblement contractés et ses membres crispés attestaient la cruelle agonie qui avait précédé sa mort. — La plupart des faits de cet ordre sont de date assez reculée. Les plus récents se sont passés à la campagne, au milieu de populations ignorantes, et généralement dans des localités où aucun médecin n'était chargé de constater les décès, c'est-à-dire de distinguer les cas de mort apparente de ceux de mort réelle.

Comment donc distinguer la mort apparente de la mort véritable ? Il y a un certain nombre de signes certains de la mort, c'est-à-dire de caractères dont la constatation positive ne laisse place à aucune erreur. Cependant quelques médecins et beaucoup de personnes étrangères à la science doutent encore assez de la certitude de ces signes pour souhaiter que la physiologie en découvre d'autres d'un caractère plus sûr. Un zélé philanthrope a fondé tout dernièrement un prix de vingt mille francs à décerner à l'auteur de la découverte d'un signe infaillible de la mort. Certes l'intention est excellente, mais on peut dès maintenant considérer sans effroi l'ouvrage du fossoyeur : les signes actuellement connus sont suffisants à prévenir toute erreur et à rendre impossible le danger sinistre d'une inhumation prématurée.

Il faut distinguer d'abord les signes *immédiats* de la mort. Le premier et le plus décisif est l'interruption définitive des battements du cœur, constatée pendant cinq minutes au moins, non pas avec la main, mais avec l'oreille. « La mort est certaine, — dit le rapporteur de la commission nommée en 1848 par l'Académie des Sciences pour juger le concours relatif aux signes de la mort réelle, — la mort est certaine lorsqu'on a constaté chez l'homme la cessation définitive des battements du cœur, laquelle est immédiatement suivie, lorsqu'elle n'en a pas été précédée, de la cessation de la respiration et de celle des fonctions du sentiment et du mouvement. » Les signes *éloignés* ne sont pas moins dignes d'attention. On en considère trois : la rigidité cadavérique, la résistance à l'action des courants galvaniques et la putréfaction. Comme nous l'avons vu, la rigidité cadavérique ne commence que quelques heures après la mort, l'abolition générale et totale de la contractilité musculaire, sous l'influence des courants et enfin la putréfaction ne sont manifestes qu'à une époque encore plus tardive. Ces signes éloignés, et surtout le dernier, ont l'avantage de pouvoir être constatés par des personnes étrangères à l'art, et on fait bien d'y prendre garde dans les pays où la vérification du décès n'est pas confiée aux médecins, mais ils n'ont plus d'importance partout où il y a des médecins pour ausculter le cœur et conclure la mort, avec certitude et promptitude, de la cessation absolue des battements de cet organe. Au commencement de ce siècle, Hufeland et plusieurs autres praticiens, convaincus que tous les signes alors connus de la mort étaient incertains, sauf la putréfaction, avaient proposé et obtenu en Allemagne la création d'un certain nombre de maisons mortuaires destinées à recevoir et à conserver quelque temps les corps des décédés. Depuis que ces établissements existent, on n'a vu aucun des corps transportés dans ces asiles, après la déclaration authentique du médecin, revenir à la vie. L'utilité des maisons mortuaires est encore plus contestable aujourd'hui où l'on possède un moyen positif et immédiat de reconnaître la mort réelle. Les mesures de police qui interdisent les autopsies et les inhumations avant l'expiration complète d'un délai de vingt-quatre heures à partir de la déclaration du décès restent d'ailleurs de sages précautions, mais qui n'enlèvent rien à la certitude du témoignage fourni par l'arrêt du cœur. Quand le cœur a définitivement cessé de battre, il n'y a plus de résurrection possible, et la vie qui l'abandonne se dispose à entrer dans un nouveau cycle.

Hamlet, dans son célèbre monologue, parle de « la contrée non découverte dont la frontière n'est repassée par aucun voyageur, » et il se demande mélancoliquement quels sont les rêves de l'homme auquel la mort a ouvert les portes des sombres lieux. On ne saurait, au nom de la physiologie, répondre avec plus de certitude que ne fait le personnage, shakspearien. La physiologie est muette sur les destinées de l'âme après la mort ; elle ne nous en apprend rien, elle ne peut rien nous en apprendre. Il est évident et il serait puéril de nier que toute manifestation psychique ou affective, et toute représentation concrète de la personnalité sont impossibles après la mort. La dissolution de l'organisme anéantit certainement et nécessairement les fonctions sensitives, motrices et volitives, inséparables d'un certain ensemble de conditions matérielles. On ne peut sentir, mouvoir et vouloir qu'autant qu'on a des organes de réception, de transmission et d'exécution. Ces affirmations de la science sont indiscutables et doivent être acceptées sans réserve. Nous instruisent-elles de la destinée des principes psychiques eux-mêmes ? Encore une fois, non, et pour cette raison bien simple, que la science n'atteint pas ces principes ; mais la métaphysique, qui les atteint, nous autorise, bien plus, nous oblige à croire qu'ils sont immortels. Ils sont immortels comme les principes de mouvement, comme les principes de perception, comme toutes les unités actives du monde. Qu'est-ce qui caractérise ces unités en général ? C'est d'être simples, c'est-à-dire indestructibles, c'est d'être en connexion harmonique les unes avec les autres, de telle façon que chacune perçoive l'ordre infini des autres. Si cette connexion n'existait pas, il n'y aurait pas de monde. Qu'est-ce qui caractérise les unités psychiques en particulier ? C'est d'avoir en outre la conscience d'une telle perception, le sentiment des rapports qui lient tout, et les facultés plus ou moins développées qu'impliquent cette conscience et cette perception. Or pourquoi ces unités seraient-elles plus périssables que les autres ? Pourquoi, si toutes les forces, toutes les activités, sont éternelles, celles-là seules n'auraient point l'éternité qui ont ce noble privilège, à savoir la conscience des rapports infinis que les autres supportent sans le savoir ?

Pour concevoir l'immortalité de l'âme, il faut donc se placer à ce point de vue, où les hommes ne s'élèvent qu'avec difficulté, de la simplicité et de l'indéfectibilité de tous les principes d'énergie qui remplissent l'univers. Il faut nous habituer à comprendre que ce que nous voyons n'est rien à côté de ce que nous ne voyons pas. Toute la force, tout le ressort des mouvements les plus compliqués, des phénomènes les plus grandioses de la nature et des opérations les plus délicates de la vie, y compris la pensée, proviennent de l'emmêlement infini d'une infinité de séries de principes inétendus et cachés dont les activités vont en se perfectionnant depuis la simple capacité motrice jusqu'à la suprême raison. La personnalité humaine, telle que nous la voyons et la connaissons, n'est qu'une résultante complexe et grossière de celles de ces activités primitives qui sont au plus profond et au meilleur de nous-mêmes. Ce n'est pas celle-là qui est immortelle, — elle ne l'est pas plus que la force motrice d'une machine à vapeur ou l'électricité d'une pile de Volta alors que cependant le mouvement et l'électricité sont en eux-mêmes indestructibles. Ce n'est pas celle-là qui peut aspirer au sein de Dieu. Notre vraie personnalité, notre vrai moi, celui qui peut sans illusion compter sur une vie future, c'est l'unité dégagée de tout lien matériel et de tout alliage concret, c'est l'énergie manifestement simple, qui a la conscience plus ou moins nette de ses propres rapports avec l'infinité des unités semblables et s'en rapproche plus ou moins par la pensée et l'amour. Il est impossible de nous représenter ce que deviendra la vie de cette unité le jour où, quittant sa prison de chair et gagnant l'idéal éther, elle n'aura plus d'organes pour agir ; mais ce que nous pouvons affirmer, c'est que, précisément à cause de cela, elle s'élèvera à une science plus claire de ce qu'elle n'avait su qu'obscurément et à une dilection plus pure de ce qu'elle n'avait adoré qu'à travers le voile des sens. Et cette certitude, qui est l'ennoblissement de la vie, est aussi la consolation de la mort.

ISBN : 978-1978000018

Fernand Papillon

www.ingramcontent.com/pod-product-compliance
Lightning Source LLC
Chambersburg PA
CBHW050255230526
45470CB00005B/2273